我不知道

鳄鱼

打哈欠

来降温

我不知道系列：动物才能真特别

I didn't know that crocodiles yawn to keep cool

我不知道 鳄鱼打哈欠来降温

［英］凯特·贝蒂◎著　［英］麦克·泰勒◎绘　钟莹倩◎译

哈尔滨出版社
HARBIN PUBLISHING HOUSE

我不知道

前 言

你知道吗？爬行动物从来没有停止过生长；有些鳄鱼会吃人；还有些鳄鱼像绵羊和奶牛一样，生活在农场里……

快来认识各种鳄鱼和短吻鳄，了解它们之间的差异、它们生活在哪儿、吃些什么、如何繁育宝宝，一起走进神奇的鳄鱼世界！

注意这个图标，它表明页面上有个好玩的小游戏，快来一试身手！

真的还是假的？看到这个图标，表明要做判断题喽！记得先回答再看答案。

别忘了读一读页边上的妙妙鳄鱼小百科！

我不知道

鳄鱼是恐龙时代的幸存者。与恐龙时代的鳄鱼相比，如今的鳄鱼在外形上没有发生太大变化。6500万年前，爬行动物并没有完全灭绝，鳄鱼就是幸存下来的物种之一。

帝鳄

找一找

你能找到这只大恐龙吗？

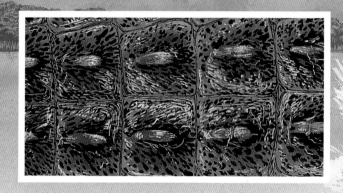

鳄鱼的表皮上覆盖着一层盔甲般的角质鳞片，叫作"鳞甲"。表皮下面还有骨板，为鳄鱼提供保护。

鳄鱼是鳄目动物，它和长吻鳄、短吻鳄还有凯门鳄是表亲。而中国特有的扬子鳄也是一种短吻鳄。

鳄鱼

长吻鳄

短吻鳄

凯门鳄

有些史前鳄鱼体形庞大，身体长达 12 米。它们可能会捕杀其他爬行动物，如小型恐龙。

! 有些早期的史前鳄鱼和蜥蜴一样小。

 真的还是假的？

鳄鱼和短吻鳄从来没有见过面。

答案：**假的**

在美国，鳄鱼的数量较少，短吻鳄的数量较多，可它们在佛罗里达州的沼泽地里都有分布。

湾鳄

鳄鱼主要分布在热带及亚热带地区，如佛罗里达州。它们大多生活在内陆水域。鳄鱼是最大的鳄目动物。

8

 大多数短吻鳄（除中国的扬子鳄外）都分布在北美洲和南美洲。和鳄鱼相比，它们的嘴巴比较粗短。

美洲短吻鳄

我们的牙齿只能换一次，从乳牙替换为恒牙。但鳄鱼的牙齿可以替换 40 多次，磨损的牙齿掉落后会长出新的牙齿。

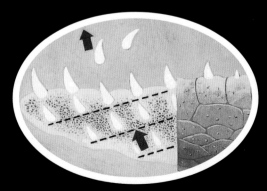

我不知道

可以通过牙齿来辨别短吻鳄和鳄鱼。当短吻鳄合上嘴巴时，会露出上颌的牙齿，而鳄鱼只会露出下颌的几颗牙齿。

短吻鳄英文名为 "alligator"，源于西班牙语 "el lagarto"，意为蜥蜴。

埃及鸻也叫牙签鸟，它能安全地待在尼罗鳄的嘴巴里，帮其挑出牙缝里的寄生虫和水蛭。

尼罗鳄

我不知道

鳄鱼打哈欠来降温。鳄鱼是冷血动物。它们晒太阳使体温升高，游到水中使身体变凉爽。它们嘴里薄薄的皮肤可以帮身体散发热量，防止体温过高。

找一找

你能找到 5 条浮在水面上的鳄鱼吗？

爬行动物在它们的一生中都在不停地生长。年幼的鳄鱼每年长长 30 厘米。想象一下，如果这种情况发生在你身上会怎样呢？

来自东南亚的湾鳄体形庞大，它是世界上现存最大的爬行动物。这个记录的保持者是一条长 8 米、重达 2 吨的湾鳄。世界上最小的鳄鱼是非洲侏儒鳄，体长只有 1 米左右。

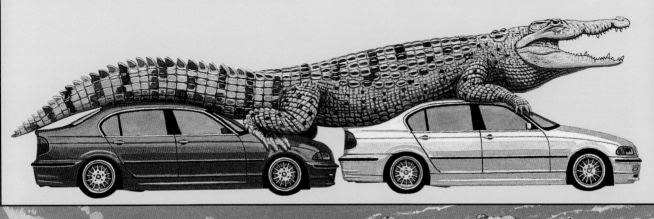

！在电影《彼得·潘》中，有条鳄鱼吞下了一个时钟。

我不知道

鳄鱼会伪装成浮木。它们潜伏在水中，一动不动。鳄鱼的眼睛和鼻孔长在头顶上方，在静静地等待猎物经过时，它们可以呼吸和观察四周的动静。

找一找

你能找到 1 条凯门鳄宝宝吗?

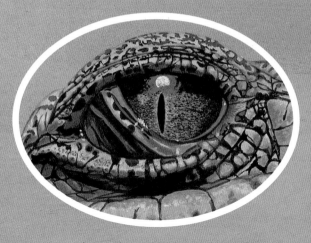

有些鳄鱼能在水下待 1 个小时。潜入水中时，它们鼻孔、喉咙和耳朵里的特殊瓣膜会自动关闭，眼睛上则会覆盖一层特别的透明瞬膜加以保护。

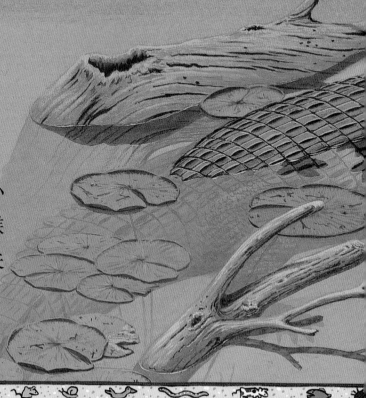

鳄鱼的后脚是蹼状的，像青蛙的脚一样。如果情况紧急，蹼可以让鳄鱼在水中快速行动和转向。

黑凯门鳄

像澳洲淡水鳄（右图）一样，捕食鱼类的鳄鱼通常有着细长的吻部和流线型的身材，这让它们成为天生的捕鱼能手。

！凯门鳄会成为绿森蚺的捕食对象。

我不知道

短吻鳄会从水中跃起。如果食物在高处，短吻鳄可以一跃而起扑向空中。体形较小的鳄鱼甚至会爬到树上捕食昆虫和蜗牛。它们都能快速移动、跑步或游泳，对猎物发起致命的突袭。

美洲短吻鳄

食鱼鳄轻扫一下脑袋，便能立刻咬住几条儿鱼，锐利的牙齿让鱼儿难以逃脱。

真的还是假的？

有些鳄鱼是食人鳄。

答案：真的

印度的沼泽鳄被称为食人鳄。它会攻击河边洗衣服的女人和玩耍的孩子。

我不知道

有些鳄鱼一年只吃 2 顿饭。鳄鱼会突然发动袭击，将猎物拖入水中。如果捕获到一头大型动物，鳄鱼会立刻吃掉它，然后花很长时间消化这顿美餐。

人们在鳄鱼的胃里发现了石头。鳄鱼吞下石头帮助自己磨碎食物。

鳄鱼的牙齿只能"夹住"猎物，不能咀嚼。它将猎物撕咬成肉块，然后整个儿吞下。

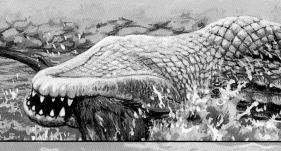

! 鳄鱼和猎物之间的争斗好比一场拔河比赛。

尼罗鳄在进食时会互相帮忙，一个咬住猎物不动，另一个撕咬猎物。年幼的尼罗鳄会团体合作捕鱼。

角马

雄性长吻鳄的鼻端有一个球状突起，形状像一个圆壶。这个"鼻球"相当于扩音器，能放大它求偶的叫声。

黑凯门鳄

在交配的季节，雄鳄的行为真奇怪！它们互相争斗决定谁才是最强者。雄性美洲鳄（下图）用双颌击打水面，溅起水花，警告其他雄鳄离开它的领地。

！鳄鱼可以靠气味相互交流。

求爱中的鳄鱼"情侣"互相做出炫耀行为，它们会摩擦头部，或张着嘴巴躺在一起。右图中的雌性湾鳄把头露出水面，表明它想交配。

我不知道

鳄鱼会吹泡泡。雄性尼罗鳄有时会低头潜入水中，用鼻孔吹泡泡来驱赶其他雄鳄。它也会发出咆哮声，摆动尾巴来威胁入侵者。

当鳄鱼宝宝快要破壳时，鼻子上会长出一个尖尖的突起，叫作破卵齿。这样，蜷曲在蛋里的鳄鱼宝宝就可以打破坚硬的蛋壳出来啦。

鳄鱼父母会守护巢穴，提防鸟类、狒狒这样的偷蛋贼。下图中的鳄鱼父母一时疏忽，就被 2 只偷偷摸摸的蜥蜴叼走了几枚蛋。

刚孵化出来的湾鳄宝宝

我不知道

鳄鱼蛋会吱吱叫。当鳄鱼幼崽准备出壳时，它们会发出高音调的叫声，告诉妈妈自己要出来了。这时，鳄鱼妈妈会刨掉蛋上用来保温的覆盖物。

鳄鱼妈妈在沙地上筑巢，蛋在沙子里既安全又温暖。雌鳄每年都在同一个地方筑巢产卵，通常在晚上产卵，每次产几枚，然后把蛋埋起来。

找一找

你能找到这只
翠鸟吗？

我不知道

　　鳄鱼妈妈会把鳄鱼宝宝含在嘴里。鳄鱼妈妈的嘴里有一个"育儿袋"。鳄鱼宝宝孵化出来后，它就会一个一个地把鳄鱼宝宝含进嘴里，然后小心地把它们带到水里。

鳄鱼父母在水边的"保育室"里照看鳄鱼宝宝。鳄鱼宝宝会自己捕捉小鱼和螃蟹，鳄鱼父母则在一旁看着它们。

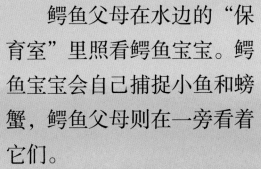

沼泽鳄

鳄鱼宝宝和短吻鳄宝宝还不能照顾自己。这只年幼的鳄鱼正趴在妈妈的背上搭顺风车（下图）。

我不知道

有些鳄鱼能在海里游泳。来自东南亚地区和澳大利亚的湾鳄（也叫咸水鳄）是鳄鱼中的巨无霸，也是唯一能在海里游泳的鳄鱼。它们一般生活在沿海的河口。

找一找

你能找到 5 只乌龟吗？

澳大利亚土著的艺术作品中经常会出现鳄鱼的图案。这是因为在他们古老的信仰中，逝者的灵魂将会栖居在鳄鱼身上。

湾鳄

真的还是假的?

鳄鱼只喜欢吃肉。

答案：*假的*

　　非洲侏儒鳄数量稀少，生活在沼泽地和缓慢流动的河水中。它们会吃鱼、青蛙和水果呢！

古埃及水神索贝克的模样就是一条鳄鱼，右图画出了他的样子。动动手，用黏土制作属于自己的水神索贝克挂件吧。不要忘记打个洞，系上一根链子、鞋带、绳子或丝带。

! 伪长吻鳄实际上是鳄鱼，不是长吻鳄。

我不知道

　　有些短吻鳄会冬眠。短吻鳄擅长在地下挖洞和打隧道，用来避暑和过冬。中国短吻鳄（扬子鳄）和大部分美洲短吻鳄都会躲进洞穴中冬眠。

找一找

你能找到这条蛇吗？

目前，野外生活的中国短吻鳄（扬子鳄）只剩大约 600 条。虽然受法律保护，但扬子鳄的皮和肉仍让它们成为了偷猎者的目标。

生活在亚马孙盆地的侏儒凯门鳄是世界上最小的短吻鳄。侏儒凯门鳄生活在南美洲。它们的背部和腹部都覆盖着鳞甲。

有报道称，短吻鳄会把下水道当作隧道。

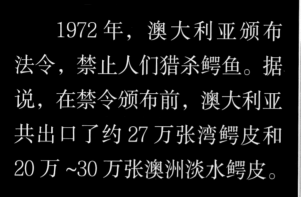

1972 年，澳大利亚颁布法令，禁止人们猎杀鳄鱼。据说，在禁令颁布前，澳大利亚共出口了约 27 万张湾鳄皮和 20 万~30 万张澳洲淡水鳄皮。

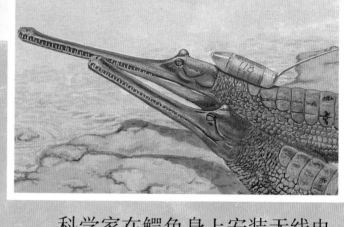

科学家在鳄鱼身上安装无线电发射器，以便于研究它们。通过这种仪器，科学家能对鳄鱼的活动进行追踪和观测。

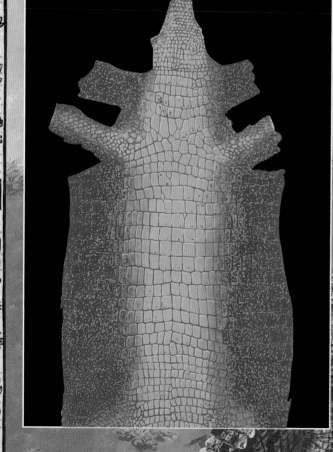

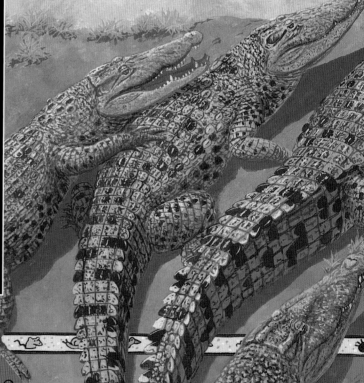

我不知道

有些鳄鱼和短吻鳄住在农场里。为了合法售卖鳄鱼皮和鳄鱼肉，农民会人工饲养鳄鱼。农场养殖能降低偷猎的可能性，也让农场成为了旅游景点。

有些人喜欢将宽鼻梁的凯门鳄宝宝当作宠物。它们还是小不点时，看起来非常可爱。可它们一旦长大，那就说不上有趣了。

词汇表

冬眠

部分动物通过"睡觉"度过冬天。

鳄目动物

一种古老的爬行动物，包括鳄鱼、短吻鳄、凯门鳄和长吻鳄。

河口

河流注入海洋、湖泊或其他河流的河段。

化石

植物和动物存留在岩石中的遗迹。通过这些遗迹，人们可以追溯某种植物或动物生活在多少万年前。

寄生虫

寄生在别的动物或植物体内或体表的动物，比如跳蚤。

冷血动物

也称变温动物，指从外界温度中获取热量的动物。

领地

动物个体或群体生活的区域，排斥外来入侵者和竞争者。

爬行动物

一种动物分类，蛇、鳄鱼和恐龙都属于爬行动物。

史前

有文字记录之前的历史时期。

偷猎者

指狩猎和诱捕受法律保护的动物的人。

消化

动物或人的消化器官把食物变成营养物质的过程。

炫耀行为

动物吸引异性关注自己的不同方法，比如孔雀开屏。

幼崽

刚出生的动物。

黑版贸审字 08-2020-073 号

图书在版编目（CIP）数据

我不知道鳄鱼打哈欠来降温 /（英）凯特·贝蒂著；
(英)麦克·泰勒绘；钟莹倩译. -- 哈尔滨：哈尔滨出
版社, 2020.12
（我不知道系列：动物才能真特别）
ISBN 978-7-5484-5426-7

Ⅰ.①我… Ⅱ.①凯… ②麦… ③钟… Ⅲ.①鳄鱼 –
儿童读物 Ⅳ.①Q95-49

中国版本图书馆CIP数据核字(2020)第141326号

Copyright © Aladdin Books 2020
An Aladdin Book
Designed and Directed by Aladdin Books Ltd
PO Box 53987
London SW15 2SF
England

书　　名：我不知道鳄鱼打哈欠来降温
　　　　　WO BUZHIDAO EYü DAHAQIAN LAI JIANGWEN
- -
作　者：[英]凯特·贝蒂 著　　[英]麦克·泰勒 绘　　钟莹倩 译
责任编辑：马丽颖　尉晓敏　　　责任审校：李　战
特约编辑：严　倩　陈玲玲　　　美术设计：柯　桂
- -
出版发行：哈尔滨出版社（Harbin Publishing House）
社　　址：哈尔滨市松北区世坤路738号9号楼　　邮编：150028
经　　销：全国新华书店
印　　刷：湖南天闻新华印务有限公司
网　　址：www.hrbcbs.com　　www.mifengniao.com
E-mail：hrbcbs@yeah.net
编辑版权热线：（0451）87900271　87900272
销售热线：（0451）87900202　87900203
- -
开　本：889mm×1194mm　1/16　印张：12　　字数：60千字
版　次：2020年12月第1版
印　次：2020年12月第1次印刷
书　号：ISBN 978-7-5484-5426-7
定　价：98.00元（全6册）
- -
凡购本社图书发现印装错误，请与本社印制部联系调换。
服务热线：（0451）87900278